IÈQUE L. CURMER.

EMENT UNIVERSEL.

LEÇONS ÉLÉMENTAIRES

DE

SCIENCES NATURELLES

APPLIQUÉES A

L'HYGIÈNE,

PAR

M. Emm. LE MAOUT,

Docteur en Médecine,

Cours autorisé par M. le MINISTRE DE L'INSTRUCTION PUBLIQUE

Adopté par l'Association pour l'Éducation populaire.

10 centimes.

PARIS.

L. CURMER,

rue de Richelieu, 47, AU PREMIER.

1850

(10me Leçon)

ASSOCIATION

POUR L'ÉDUCATION POPULAIRE.

L'Association pour l'éducation populaire a pour but de contribuer au développement de l'éducation et de l'instruction du peuple. Elle se propose, pour y arriver, d'employer les moyens suivants :

Provoquer la composition ou la traduction de traités élémentaires des sciences les plus utiles, de manuels technologiques, de récits moraux et instructifs, de traités des devoirs et des droits des citoyens ;

Appeler des dons et des souscriptions, et en employer le montant à la distribution gratuite de livres spéciaux dans les ateliers, dans les établissements agricoles, les écoles régimentaires, aux convalescents des hôpitaux civils et militaires, aux détenus, et aussi dans les écoles primaires et les ouvroirs ;

Publier des programmes d'ouvrages destinés à réaliser ses vues, et décerner des prix aux auteurs qui auront le mieux rempli les conditions de ces programmes ;

Encourager la formation de bibliothèques communales ;

Lutter contre le colportage des mauvais livres et y substituer la distribution des livres adoptés par l'Association, en donnant des primes aux colporteurs ;

Établir des correspondances avec les maires des communes, les ministres de tous les cultes, les instituteurs primaires, les associations religieuses et charitables ;

Provoquer l'établissement de comités dans les départements et la formation de sociétés de dames, qui distribueront les livres dont l'Association aura la disposition.

L'Association appelle le concours de collaborateurs dont les mille premiers recevront le titre d'*associés fondateurs*. Une cotisation mensuelle de QUATRE FRANCS sera payée par eux, et leur donnera droit à la remise gratuite de *quarante petits volumes du prix de dix centimes*, qu'ils distribueront selon leur volonté.

L'Association admet en outre tous les dons et souscriptions qui lui sont adressés, et dont l'emploi a lieu en distributions gratuites des ouvrages approuvés par elle.

Les adhésions et souscriptions doivent être envoyées *franco* à l'AGENT GÉNÉRAL DE L'ASSOCIATION, rue Richelieu, 47 (ancien 49).

Paris. — Imprimerie de RIGNOUX, rue Monsieur-le-Prince, 29 *bis*.

autrefois *rochettes*, ont pris le nom de *fusées à la Congrève*, depuis que lord Congrève les a remises en usage en 1801, pour l'attaque de la flotte française, à Boulogne : cette composition désastreuse date de plusieurs siècles.

Les armes à feu, en substituant à la force musculaire qui ne combat que de près et se lasse bientôt, une force agissant à distance et infatigable, les armes à feu ont profondément modifié la stratégie des nations. Jadis les chevaliers, bardés de fer, étaient invulnérables; mais aujourd'hui, que serfs et villains peuvent se procurer à vil prix une puissance offensive, plus redoutable cent fois que la lance, le sabre et la hache d'armes, les faibles sont devenus les égaux des forts, et l'on peut dire que la Poudre à canon a préparé l'affranchissement des peuples.

Il y a plus : l'artillerie, par la rapidité de ses ravages, décidant en quelques heures du sort d'une bataille, rend inutiles les *mêlées*, qui étaient bien autrement meurtrières que nos batailles modernes ; car quand deux armées en venaient aux mains, la moitié au moins des combattants étaient frappés. L'invention de la Poudre à canon est donc un bienfait pour l'humanité. On peut même, sans être suspect d'optimisme, regarder comme probable, et prévoir, dans un avenir plus ou moins éloigné, que les guerres deviendront impossibles, en raison du perfectionnement des moyens de destruction : lorsque, en effet, deux armées seront en présence, avec la certitude qu'il suffit de quelques appareils explosifs, manœuvrés sans danger par une douzaine d'hommes, pour lancer dans tous les rangs une mort inévitable, elles hésiteront à s'attaquer, ou plutôt elles mettront leur tactique à s'éviter réciproquement. On ne voit guère deux maîtres d'armes ou deux habiles tireurs se battre en duel : l'égalité d'adresse, dangereuse pour tous les deux, les rend singulièrement pacifiques.

Chlorate de Potasse. Ce Sel, qui est un produit de l'art, s'offre en lames ou en paillettes très brillantes, d'une saveur fraîche et un peu acerbe ; il est inaltérable à l'air. On l'obtient en faisant passer un courant de gaz Chlore dans une solution concentrée de Potasse ; il se produit du Chlorure de Potassium très soluble, et du Chlorate de Potasse peu soluble, qui se dépose en écailles ; on le lave à l'eau froide et on le sèche.

Ce Sel fond à une température d'environ 400 degrés ; chauffé davantage, il abandonne son Oxygène, et se réduit à l'état de

Chlorure de Potassium : aussi les chimistes l'emploient-ils fréquemment pour se procurer du gaz Oxygène, en le calcinant dans une petite cornue de verre. Jeté sur des charbons allumés, il fuse vivement, comme le Salpêtre, et accélère leur combustion. Mêlé avec des corps combustibles, tels que le Soufre, le Charbon, le Phosphore, les Sulfures, les Résines, etc., il forme avec eux des Poudres, qui détonent par la simple percussion : c'est à ces mélanges qu'on a donné le nom de *Poudres fulminantes* par le *choc*. Ainsi, par exemple, un mélange intime d'une partie de Soufre et de trois parties de Chlorate de Potasse, produit une détonation violente, lorsqu'on le frappe sur une enclume avec un marteau: cette explosion, comme celle de la Poudre, est due à la rapide expansion des composés gazeux qui prennent naissance.

Les mélanges détonants, formés par le Chlorate de Potasse sont beaucoup plus énergiques que les mélanges correspondants, obtenus avec du Nitre. On a cherché à préparer avec le Chlorate de Potasse une Poudre à canon plus puissante que la Poudre ordinaire, mais elle était *brisante* au suprême degré ; les armes n'y résistaient pas. Sa préparation et sa conservation présentaient, d'ailleurs, les plus grands dangers, et on y a renoncé depuis l'affreux accident arrivé à Essonne en 1788 : on en préparait une certaine quantité, pour essai ; mais à peine le pilon eût-il touché les matières, qu'une explosion eut lieu, brisa le vase et tua plusieurs ouvriers, et deux des spectateurs.

Un mélange de Chlorate de Potasse et de Résine ou de Soufre s'enflamme subitement par le contact de l'Acide sulfurique : cette combustion provient de ce que l'Acide sulfurique, s'emparant de la Potasse, met à nu l'Acide chlorique, lequel se décompose par la chaleur, cède son Oxygène au corps combustible avec lequel il est en contact, et l'enflamme.

L'industrie a tiré parti de cette observation pour la confection de *briquets*, qui ont reçu le nom de *briquets oxygénés*. On prépare ces briquets en imprégnant l'extrémité soufrée de petites allumettes d'un mélange de Chlorate de Potasse et de Soufre, réduit en pâte; d'un autre côté, on place dans un petit flacon de verre un peu d'Amiante imbibée d'Acide sulfurique concentré. L'allumette est plongée dans le flacon; la pâte, mouillée d'Acide sulfurique, prend feu ; la combustion se communique au Soufre, et de celui-ci au bois de l'allumette.

Les briquets oxygénés ont été remplacés par des allumettes, que le simple frottement sur un corps dur enflamme, avec ou sans détonation ; c'est ce qu'on appelle *allumettes chimiques, allumettes allemandes, allumettes à friction.* Je vous en ai parlé dans notre première leçon, mais sans vous indiquer la composition de la pâte. Le principe combustible de cette pâte est toujours le Phosphore, mais on ajoute des matières propres à fournir de l'Oxygène pour activer la combustion ; ces matières sont principalement de l'Azotate de Potasse et du Chlorate de Potasse ; ce dernier rend la pâte détonante, le frottement de l'allumette détermine une petite explosion ; les pâtes préparées avec l'Azotate de Potasse brûlent tranquillement.

Pour confectionner cette pâte, on fait fondre du Phosphore dans de l'eau à 50 degrés ; on ajoute le Chlorate et l'Azotate de Potasse qui se dissolvent dans l'eau, puis des Oxydes de Plomb et de Manganèse, enfin un mucilage de gomme et de gélatine ; on triture le tout ensemble jusqu'à ce qu'on ait obtenu une pâte homogène, dans laquelle on n'aperçoive plus à l'œil aucun globule de

Phosphore. On trempe les allumettes soufrées dans cette pâte, puis on laisse sécher. Pour préserver cette pâte de l'humidité, on recouvre les allumettes d'un vernis à la sandaraque.

SODIUM. — Les propriétés physiques de ce métal sont analogues à celles du Potassium. Il est cassant à une température très basse, et la cassure est cristalline ; à la température de 15 à 20 degrés au dessus de zéro, il se coupe facilement au couteau ; vers 60 degrés, il se laisse pétrir comme de la cire ; enfin, vers 90 degrés il se liquéfie. Il se volatilise à une température moindre que celle du Potassium.

Le Sodium, fraîchement coupé, est doué d'un vif éclat métallique et ressemble à l'Argent ; mais il se ternit rapidement, et passe à l'état d'Oxyde. Sa densité est plus grande que celle du Potassium, mais elle est inférieure à celle de l'Eau.

Ainsi que le Potassium, le Sodium décompose l'Eau aux températures les plus basses : un fragment de ce métal, projeté sur l'Eau, fond en un globule brillant, et se promène à la surface du liquide ; mais l'Hydrogène dégagé ne s'enflamme pas, parce que le mouvement du métal cause trop de perte de chaleur ; si le métal est tenu immobile, il y a inflammation. Dans tous les cas l'Eau devient fortement alcaline par l'*Hydrate de Soude*, qui se dissout.

Soude. — Le Sodium forme avec l'Oxygène deux combinaisons : la seule qu'il vous importe de connaître est l'Oxyde de Sodium, nommé *Soude* (Protoxyde) : cet Oxyde se forme quand on décompose l'Eau par le Sodium, mais il se combine immédiatement avec l'Eau, et forme un *Hydrate.*

Cet Hydrate retient fortement son Eau, et ne la dégage à aucune température. Soumis à une forte chaleur rouge, il distille sans altération. Il peut servir aux mêmes usages que l'Hydrate de Potasse, et comme sa préparation est plus facile et plus économique, il y a avantage à lui donner la préférence.

Carbonate de Soude. — La Soude forme avec l'Acide carbonique trois combinaisons : la première est le Carbonate de Soude ; la deuxième est le *Bicarbonate*, dans lequel l'Acide carbonique est en proportion double ; la troisième, nommée *Sesquicarbonate*, tient le milieu entre les deux autres, c'est-à-dire que, dans le Carbonate, l'Acide carbonique étant représenté par le chiffre 1, est comme 2 dans le Bicarbonate, et comme 1 1/2 dans le *Sesquicarbonate*. Ces trois sels renferment, en outre, de l'Eau à l'état de combinaison.

Le Carbonate de Soude est le plus important des trois; je vous ai dit qu'on l'obtient par le lessivage des cendres provenant de la combustion des plantes qui croissent au bord de la mer et des *Varechs* ou *Fucus* qui vivent dans l'Océan. L'Espagne a possédé pendant des siècles le monopole presque exclusif du Carbonate de Soude; elle l'expédiait sous le nom de *Soude d'Alicante* ou *Soude de Malaga*; on en récoltait une certaine quantité en France sur les côtes de la Méditérrannée; cette Soude portait le nom de *Soude de Narbonne*. Lorsque les guerres de la Révolution eurent interrompu le commerce entre les deux pays, la Convention nationale fit un appel aux chimistes français pour connaître les divers moyens de fabriquer artificiellement le Carbonate de Soude, au moyen des matières premières que l'on avait dans le pays. De tous les procédés qui furent alors proposés, un seul est resté, qui permet d'obtenir le Carbonate de Soude à bon marché et en quantité indéfinie. Ce procédé a créé en France une industrie qui a pris un essor remarquable et affranchit nos manufactures d'un tribut annuel de vingt millions de francs. L'invention en est due à un chirurgien nommé Le blanc; mais il ne sut pas exploiter industriellement sa découverte; ses appareils étaient dispendieux et imparfaits. Ce ne fut que douze ans après, que, grâce à d'Arcet fils, la fabrication de la Soude artificielle devint un art régulier; l'infortuné Leblanc, qui avait formé, sans succès, une société d'exploitation, tomba dans la misère, et termina sa vie par un suicide affreux.

Voici un aperçu rapide de son procédé : il consiste à transformer le *Sel marin*, qui est un Chlorure de Sodium, en Sulfate de Soude au moyen de l'Acide sulfurique, puis à décomposer le Sulfate de Soude, sous l'influence de la chaleur, par un mélange de Carbonate de Chaux et de Charbon. Il en résulte du Carbonate de Soude, et du Sulfure de Calcium complètement insoluble dans l'Eau, de sorte qu'il est facile de séparer ces deux produits.

La première opération est effectuée dans des cylindres en fonte où l'on soumet le Chlorure de Sodium à l'action de l'Acide sulfurique. Je vous ai expliqué la réaction qui a lieu, dans notre 3e Leçon (page 29).

La conversion du Sulfate de Soude en Carbonate s'opère en calcinant un mélange de Sulfate de Soude, de Charbon et de

Carbonate de Chaux, dans un four de forme elliptique. On chauffe le mélange jusqu'à fusion, et on brasse continuellement les matières ; il se dégage du gez Oxyde de Carbone, qui vient brûler sous la forme de petites flammèches bleues. Quand les jets enflammés ont cessé, et que la matière est bien homogène et partout également fluide, on la retire du four, on la met en poudre, et on la traite par l'Eau, qui ne dissout que le Carbonate de Soude.

Vous comprendrez sans peine la réaction qui s'établit dans le four entre les trois substances mélangées : le Charbon enlève l'Oxygène au Sulfate de Soude, et se dégage en Oxyde de Carbone; le Sulfate, changé en Sulfure, et le Carbonate de Chaux se décomposent mutuellement ; il se forme du Carbonate de Soude et du Sulfure de Calcium, uni à de l'Oxyde de Calcium ou Chaux. *(Oxysulfure de Calcium)*.

Le Carbonate de Soude cristallise à froid en gros cristaux qui renferment 62 p. 0/0 d'Eau ; ces cristaux s'effleurissent promptement à l'air, c'est-à-dire qu'ils tombent en poussière par suite de la vaporisation d'une partie de l'Eau ; leur saveur est fortement alcaline ; ils sont très solubles dans l'Eau, mais plus à chaud qu'à froid. Au feuils éprouvent d'abord la fusion aqueuse, c'est-à-dire qu'ils se fondent dans leur Eau de cristallisation ; ensuite le Sel se dessèche et ne se fond plus qu'au-dessus de la chaleur rouge.

C'est avec le Carbonate de Soude qu'on prépare la Soude caustique, en lui enlevant son Acide carbonique au moyen de l'Hydrate de Chaux ; on procède comme pour la Potasse caustique,

C'est aussi avec le Carbonate de Soude qu'on prépare le Sodium; ce métal, ainsi que le Potassium, fut obtenu primitivement par décomposition de la Soude ou de la Potasse au moyen de la Pile (nous reviendrons sur ce fait quand j'aurai à vous présenter des notions de Physique). C'est l'illustre H. Davy, que vous connaissez déjà, qui le premier isola le Potassium et le Sodium en 1807. On a ensuite obtenu le Sodium en décomposant l'Hydrate de Soude par le fer incandescent. On le prépare aujourd'hui en décomposant le Carbonate de Soude par le Charbon à une haute température, Ce sont, comme vous le voyez, les mêmes procédés que pour le Potassium, mais la préparation du Sodium est plus facile que celle du premier. par suite de la température moins élevée à laquelle il distille.

Le *Bicarbonate de Soude* existe dans un grand nombre de sources naturelles ; mais on l'obtient artificiellement en faisant passer un courant de gaz Acide carbonique à travers une dissolution concentrée de Carbonate de Soude. On l'emploie en médecine pour le traitement de plusieurs maladies, et notamment pour saturer la trop grande quantité d'Acide qui se développe dans l'estomac pendant les digestions laborieuses.

Le *Sesquicarbonate* de Soude se trouve en dissolution dans les eaux de plusieurs lacs d'Egypte, d'Asie et d'Amérique ; quand les lacs se dessèchent pendant la saison des chaleurs, le sel se montre en efflorescences blanches au fond de leur lit. Il ne s'effleurit pas à l'air, et présente une dureté assez considérable. On le nomme communément *Natron*. Ce Natron était autrefois beaucoup plus employé qu'il ne l'est aujourd'hui. Les anciens, qui ne connaissaient pas d'autre Carbonate de Soude, l'appliquaient à la fabrication du verre et des lessives ; les Egyptiens l'employaient pour saler les cadavres, et aider ainsi à leur conservation.

On s'en sert encore à Marseille pour la fabrication du savon dur.

L'essai des Poudres du commerce se fait de la même manière que celui des Potasses; seulement, pour saturer 5 grammes d'Acide sulfurique, il ne faut que 3 grammes 161 de Soude pure.

Sulfate de Soude. — Ce Sel est employé en médecine comme purgatif, sous le nom de *Sel de Glauber*; il est fourni par les eaux de plusieurs sources; On le crée aussi de toutes pièces, comme nous l'avons déjà dit, par la décomposition du Sel marin au moyen de l'Acide sulfurique, lorsqu'on fait de l'Acide chlorydrique, ou qu'on veut préparer du Carbonate de Soude. Le résidu de cette opération était jeté autrefois comme inutile; on le nommait *tête morte* (*caput mortuum*). Ce fut Glauber qui le premier obtint de ce résidu le Sel qui porte son nom. Ce Sel est d'une saveur fraîche et amère: il est soluble dans trois parties d'Eau à 12 degrés, et dans moins que son poids d'Eau bouillante; mais, par une anomalie remarquable, le maximum de solubilité s'observe à 33 degrés, c'est-à-dire à celui de l'Eau tiède; l'Eau alors en dissout plus que trois fois son poids. Il cristallise en beaux prismes transparents qui contiennent la moitié de leur poids d'Eau ; ces cristaux sont efflorescents.

Borate de Soude. — Ce Sel est formé d'un Acide qui a le Bore pour radical, et dont je vous ferai bientôt l'histoire. Il se nommait autrefois *Borax*, nom d'origine arabe; *Tinckal*, nom indien; *Chrysocolle*, nom tiré de deux mots grecs, qui indique l'usage qu'on en fait pour souder l'Or.

Le Borate de Soude ou Borax, se trouve dans l'Inde, en Chine, au Pérou, au Potose, et surtout au Thibet. Il existe dissous, ou se forme dans les eaux de plusieurs lacs de cette dernière contrée; il se cristallise dans la vase de ces lacs par le dessèchement partiel qui s'y opère pendant le temps des plus fortes chaleurs; on l'en retire, et on le livre au commerce, après l'avoir purifié de toute substance étrangère.

Le Borax raffiné est en cristaux prismatiques à cassure vitreuse et demi-transparente; ils sont légèrement efflorescents, ont une saveur un peu alcaline, et leur solution verdit les couleurs bleues végétales. Si on les chauffe, ils subissent la fusion aqueuse, puis ils se boursoufflent, et il reste à la fin une matière spongieuse, qui est du Borax *anhydre*, c'est-à-dire sans Eau. A une plus haute température, le Borax anhydre éprouve la fusion *ignée* (c'est-à-dire que ce n'est plus l'Eau, mais les éléments du Sel qui se liquéfient par l'action du feu) ; il donne alors un liquide visqueux, qui ne cristallise pas en se solidifiant ; la matière présente, après refroidissement, l'aspect du verre : cette matière, qu'on nomme *verre de Borax*, dissout à chaud la plupart des Oxydes métalliques, et prend alors des colorations particulières, qui permettent de distinguer les différents métaux les uns des autres. Nous reviendrons plus tard sur cette question intéressante.

Le Borax est ordinairement employé dans les arts pour la soudure des métaux. La soudure de deux parties de métal l'une sur l'autre, se fait en interposant un autre métal, ou un alliage métallique plus fusible que les deux parties à réunir. On porte le point de soudure à une température assez élevée pour fondre le métal interposé, qu'on appelle alors la *soudure*, mais insuffisante pour déterminer la fusion du métal que l'on veut souder. Pour que cette opération réussisse, il est essentiel que les deux surfaces métalliques à réunir soient parfaitement nettes, c'est-à-dire, bien *décapées*, afin que la soudure fondue se trouve en contact immédiat avec le métal. Or, ce dernier s'oxyde souvent à la température qui opère la fusion de la *soudure*, et l'Oxyde interposé empèche l'union des parties métalliques. On remédie à cet inconvénient en ajoutant à la soudure une petite quantité de Borax : ce sel, subissant la fusion ignée, forme un vernis qui préserve de l'oxydation par l'air les parties métalliques ; en outre, il se combine avec l'Oxyde qui peut exister à la surface des pièces à réunir, et les *décape* d'une manière parfaite.

Le Borax est principalement employé pour la soudure des pièces d'Or et d'Argent. Pour les objets de Cuivre et de Laiton, on emploie la résine de Pin ou le Sel Ammoniac : ces deux dernières substances *réduisent*, c'est-à-dire désoxydent les Oxydes métalliques qui peuvent exister à la surface des métaux. Il y a, pour cette opération, une distinction importante à faire entre les deux variétés de Borax, que l'on trouve dans le commerce, et qui ne diffèrent que par leur proportion d'Eau de cristallisation. Le Borax ordinaire est incommode pour la soudure, parce qu'il se boursouffle beaucoup avant de subir la fusion ignée, et qu'il s'en perd alors par projection ; on préfère le Borax octaédrique, qui renferme moitié moins d'Eau.

Acide Borique. — Le Borax, traité par l'Acide chlorhydrique, est décomposé; la Soude se combine avec l'Acide chlorhydrique, et l'Acide borique se dépose par le refroidissement en jolies écailles d'un éclat nacré. Cet Acide est presque insipide, il rougit faiblement les couleurs bleues végétales; il est peu soluble dans l'eau, et ne montre qu'une faible affinité pour les bases. Il est plus soluble dans l'Alcool, auquel il communique la propriété de brûler avec une flamme d'un beau vert; il est indécomposable par le feu, mais très fusible.

L'Acide borique se trouve à l'état libre dans la nature : il y a, dans certaines localités volcaniques de la Toscane, nommées *Marèmmes*, des amas boueux, que soulèvent à chaque instant des jets de gaz et de vapeur, échappés des fissures du sol : ces jets, nommés *suffioni*, contiennent de petites quantités d'Acide borique; autour de ces bouches d'exhalaisons se sont formées des mares d'eau, nommées *lagoni*.

Les jets de vapeur en s'échappant au milieu de ces mares, soulèvent des cônes liquides, et se dégagent ensuite dans l'air en tourbillons blanchâtres, exhalant une odeur bitumineuse.

Autrefois cette contrée était regardée par

les paysans comme une terre maudite, on la regardait comme l'entrée de l'enfer, et l'on doit penser que cette superstition remonte jusqu'aux temps du paganisme, car la montagne qui avoisine les principaux *lagoni* porte encore le nom de *monte-cerbero* (montagne de Cerbère.) Les gens du pays ne passaient jamais dans cet endroit sans terreur; ils disaient leur chapelet, et invoquaient la protection de la Vierge, aussi dévotement que leurs ancêtres adressaient des vœux à Proserpine. En 1776, Hœfer reconnut et annonça la présence de l'Acide borique dans les Maremmes de la Toscane, Mascagni appela l'attention des savants sur un produit qui pouvait donner du Borax à vil prix; mais ce ne fut qu'en 1815 que les *lagoni* furent exploités régulièrement.

Autour de chacun des centres d'éruption, on a construit en maçonnerie, des bassins glaisés, où viennent spontanément aboutir deux ou plusieurs *suffioni*. Dans le plus élevé de ces bassins on dirige l'eau des sources environnantes. Après 24 heures, pendant lesquelles ces eaux ont été agitées continuellement par les courants de vapeurs souterraines, on fait couler le liquide du bassin supérieur dans un second bassin situé plus bas, où il séjourne encore 24 heures, et se charge d'une nouvelle quantité d'Acide borique. De là l'eau descend dans un troisième bassin, puis dans un quatrième, et ainsi de suite successivement, jusqu'à ce qu'elle arrive au récipient, situé à la partie la plus inférieure. Dans ce passage à travers 7 ou 8 lacs, elle s'est chargée de 1 1/2 pour cent d'Acide borique, et elle a été maintenue par la vapeur chaude à la température de l'ébullition. Après un repos de 24 heures, on la décante dans un second réservoir, puis elle va se rendre dans une série d'évaporatoires étagées, et chauffées par des *suffionis* qui sortent au-dessous de ces vases. Quand la concentration est suffisamment avancée, on fait couler l'eau dans des cristallisoirs ; l'Acide cristallisé est placé dans des corbeilles, où on le laisse égoutter ; puis on le sèche dans une espèce de four dont le sol est formé par un double fond où l'on fait circuler la vapeur d'un *suffione*. Les produits varient de 2,800 à 3,000 kilogrammes par jour.

Cette ingénieuse exploitation a été créée par un chimiste italien, nommé *Ciaschi*; cet infortuné, un an après avoir mené à bonne fin son entreprise, tomba dans un des lacs bouillants creusés par lui-même, et y périt misérablement. Après sa mort, le grand-duc de Toscane accorda le privilége de l'exploitation des *lagonis* à un français nommé Lardevelle, et celui-ci n'eut plus qu'à recueillir les fruits du travail de Ciaschi. Non content d'avoir amassé rapidement une fortune colossale, cet industriel a voulu s'illustrer par un titre aristocratique, et le grand-duc lui a conféré le titre de comte de Pomérance. Ceci nous rappelle la mésaventure d'un riche marchand, que Louis XI prisait fort, et qui, enhardi par ces témoignages d'estime royale, demanda et obtint des lettres de noblesse ; dès ce moment, le roi ne le regarda plus, et le bourgeois anobli demandant la cause d'un changement si subit : « C'est que vous étiez hier le premier des marchands, lui répondit Louis XI, et qu'aujourd'hui vous êtes le dernier des gentilshommes. » Les princes de nos jours n'oseraient plus donner de semblables leçons aux parvenus vaniteux qui les entourent.

EMPLOI DU CHALUMEAU. — L'histoire des Sels de Soude nous conduit à étudier l'emploi du Chalumeau, instrument d'une merveilleuse simplicité, au moyen duquel on parvient à déterminer rapidement les espèces minérales et la plupart des corps inorganiques.

Je vous ai exposé, dans notre 4e leçon, la composition de la lumière d'une bougie : vous savez que la partie brillante de cette lumière est une flamme blanche, chaussée à sa base par une flamme d'un bleu foncé, et entourée par une troisième flamme peu lumineuse et d'un pourpre violet ; vous avez remarqué, au milieu de la flamme blanche, un espace obscur, et vous savez que cet espace renferme les gaz émanés de la mèche, lesquels, n'étant pas en contact avec l'Air, ne peuvent pas se consumer.

Depuis bien des années, on s'est assuré par l'expérience qu'il est facile d'augmenter considérablement la chaleur de la flamme d'une bougie, ou d'une lampe quelconque, en dirigeant sur elle un courant d'Air, lequel, insuffisant pour la refroidir et l'éteindre, active vivement la combustion des gaz qui la produisent ; l'instrument qui sert à cet objet porte le nom de *Chalumeau ;* ce n'est autre chose qu'un tube de verre ou de métal, coudé par un bout, et dont le canal intérieur va en se rétrécissant jusqu'à ne former, à cette extrémité, qu'une ouverture aussi fine que le serait un trou fait par une aiguille. C'est cette ouverture qu'on tient contre la flamme, tandis qu'on souffle par l'autre bout avec la bouche. Comme la vapeur humide qui sort des poumons se dépose dans le tube, et pourrait l'obstruer, il y a vers la courbure du Chalumeau un renflement où le liquide se réunit.

Si donc dans un Chalumeau, placé à l'entrée de la flamme blanche d'une bougie, sans s'y enfoncer, et un peu incliné de haut en bas, on souffle de manière à diriger un courant d'Air à travers le milieu de cette flamme, celle-ci se recourbe en prenant la forme d'un dard long et mince; au milieu

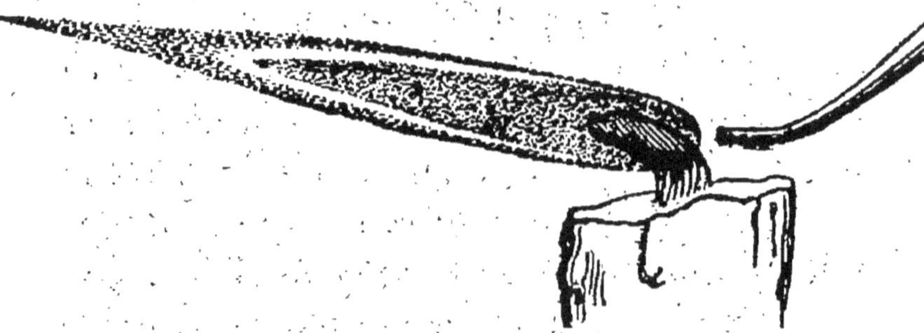

duquel on voit apparaître une flamme bleue, allongée en languette cylindrique: c'est la même que celle qui tout à l'heure chaussait la flamme blanche; mais sa position a changé : au lieu d'être extérieure et périsphérique, elle forme maintenant un axe central, comme si la lumière de la bougie avait été *tournée à l'envers*.

Vous savez que le *maximum* de chaleur des trois flammes réside vers la limite supérieure de la flamme bleue; quand la lumière a été tournée à l'envers par le souffle du Chalumeau, c'est aussi vers l'extrémité de la languette bleue que se trouve la plus haute température ; mais ce maximum est bien supérieur au précédent : tout à l'heure il était dispersé sur toute la circonférence d'un cercle, maintenant il est concentré en un seul point, c'est-à-dire au sommet du petit cylindre formé par la flamme bleue, et il peut fondre et volatiliser les substances sur lesquelles aurait faiblement agi la flamme livrée à elle-même. Cet accroissement de température tient à ce que l'Air, qui auparavant s'étendait librement à tous les points du pourtour de la flamme bleue, est maintenant poussé et condensé par le Chalumeau sur un petit espace situé au milieu de la flamme blanche.

La flamme blanche, qui tout à l'heure s'emboîtait par sa base dans la flamme bleue, enveloppe à son tour celle-ci d'une écorce brillante et étroite. Cette flamme renferme un *excès* de Carbone et d'Hydrogène, avide par conséquent d'Oxygène, et que l'on emploie pour *réduire* les minéraux oxydés. Ceux-ci, étant plongés dans cette atmosphère combustible, et soumis en même temps à une haute chaleur, ne tardent pas à céder leur Oxygène, et passent à l'état de métal pur.

La flamme pourpre, au contraire, renfermant des gaz saturés d'Oxygène, est éminemment propre à oxyder les minéraux qu'on plonge dans son sein.

On peut donc, à l'aide du Chalumeau, obtenir à volonté la *fusion* par la flamme bleue, la *réduction* par la flamme blanche, et l'*oxydation* par la flamme pourpre.

L'insufflation demande un peu d'habitude : si l'on souffle trop doucement, l'effet est médiocre; si l'on souffle trop fort, l'impétuosité du courant d'Air enlève la chaleur aussitôt qu'elle est développée et la flamme disparaît : c'est ce qui arrive quand on souffle vivement avec la bouche sur une chandelle allumée, pour l'éteindre.

Pour bien souffler au Chalumeau, il ne faut pas faire agir les muscles de la poitrine; il en résulterait une fatigue qu'on ne supporterait pas longtemps. On doit s'habituer à ne mettre en action que les muscles buccinateurs; ce sont les joues seules qui font l'office de soufflet; après quelques heures d'exercice, on arrive à produire un jet continu et régulier : il suffit pour cela de remplir la bouche d'air, et de l'expulser peu à peu par la contraction des muscles de la joue, *sans faire aucun effort de la poitrine.* On renouvelle cet air, en inspirant par le nez, mais sans discontinuer le jet ; les joues doivent constamment tendre à se rapprocher, et en être empêchées par l'Air qui arrive sans cesse des poumons. C'est par le nez, en un mot, que le souffleur doit *inspirer* et *expirer*, en conservant dans la cavité de la bouche assez d'air pour maintenir la tension des joues. Cet air, se trouvant toujours au même degré de compression, sort d'une manière uniforme par la petite ouverture du Chalumeau.

Les instruments nécessaires pour l'essai des minéraux par le Chalumeau sont : 1° un Chalumeau à bec de platine; 2° une chandelle, ou une bougie, ou une lampe : toute flamme est bonne, pourvu qu'elle ne soit pas trop petite ; il faut que la mèche soit mouchée obliquement de haut en bas, dans le sens suivant lequel on veut diriger la flamme ; 3° un charbon de bois bien brûlé, dépouillé de son écorce, à grains fins et sans fissures : celui fait avec le bois du Pin, du Saule ou de l'Aulne est le meilleur ; le charbon sert de support au minéral ; en outre, il aide à la réduction des Oxydes : on y place le minéral dans un petit godet, creusé avec l'extrémité arrondie d'un couteau; 4° une pince, à serres de Platine, pour tenir dans la flamme de petites parcelles de minéral; 5° un fil de Platine, gros comme un crin de cheval, long d'un décimètre, et recourbé en crochet; on l'humecte avec un peu de salive, pour y faire adhérer les matières que l'on veut soumettre à l'action de la flamme.

Les principaux *réactifs*, (on nomme ainsi toute substance propre à décéler la présence des différents éléments qui constituent un corps composé), sont le *Carbonate de Soude*, le *Borate de Soude*, l'*Acide borique*, le *Phosphate de Soude et d'Ammoniaque*, le *Bisulfate de Potasse*. Nous mentionnerons les autres réactifs en temps et lieu.

Le Carbonate de Soude sert : 1° à la *fusion* des minéraux, et notamment des matières siliceuses; 2° à la *réduction* des Oxydes métalliques, soit libres, soit combinés avec un Acide. On conçoit que, dans ce dernier cas, une partie de la Soude déplace la base métallique en s'unissant avec son Acide; mais on ne sait pas précisément de quelle manière la Soude prive un Oxyde métallique de son Oxygène : il faut admettre que la Soude éprouve sous l'action du Chalumeau un certain degré de *réduction*, dont la conséquence est la réduction de l'Oxyde métallique par le Sodium, amené à l'état de métal pur ou peu oxydé.

Pour employer le Carbonate de Soude, on le mêle avec un sixième de son poids, de la matière d'essai bien pulvérisée; on humecte légèrement ce mélange, et on le pétrit dans le creux de la main, puis on le place sur le charbon, et l'on dirige sur lui la flamme désoxydante.

Le Borate de Soude, ou *Borax*, sert à reconnaître les Oxydes métalliques par la couleur que prend sa perle lorsqu'on le fond avec eux : il dissout ces Oxydes, et forme avec eux un sel à double base, lequel est fusible; en outre, il dissout les Acides (y compris l'Acide silicique ou Silice) et forme avec eux des sels à double Acide, lesquels sont fusibles. Le Borax s'emploie presque toujours sur le fil de Platine; on en fait une perle au Chalumeau, et quand elle est transparente ou incolore, on l'humecte pour y faire adhérer une très petite quantité de la matière d'essai; on le place d'abord dans la flamme *oxydante;* on examine si la substance s'y dissout ou non, si la perle prend de la couleur, si elle est colorée à chaud ou à froid, ou dans les deux cas; on examine la succession des couleurs pendant le refroidissement, et on regarde si la perle devient opaque ou non en se refroidissant. On fait le même examen dans la flamme désoxydante.

Le Phosphate de Soude et d'Ammoniaque, nommé communément *Sel de Phosphore*, est un produit de l'art qu'on obtient en faisant bouillir du Chlorhydrate d'Ammoniaque dissous dans l'eau avec du Phosphate de Soude : il se précipite par refroidissement un Phosphate à double base, et il reste dans la liqueur du Sel marin. Le Sel de Phosphore s'emploie comme le Borax ; on en fait une perle sur le fil de Platine ; ce Sel, perdant par la chaleur son Ammoniaque, devient un Phosphate acide de Soude ; cet excès d'Acide s'empare de toutes les bases des minéraux que l'on met en contact avec lui, et il en résulte un nouveau Phosphate à double base, plus ou moins fusible, dont on examine la couleur ; ce fondant sert donc particulièrement à déterminer les Oxydes métalliques. Il exerce sur les Acides une action répulsive : ceux qui sont volatils se subliment ; les autres partagent leur base avec lui, ou la lui cèdent entièrement.

L'*Acide borique* est spécialement destiné à faire reconnaître les Phosphates.

Le *Bisulfate de Potasse* sert à reconnaître les Borates et les Iodures.

Quand nous aurons terminé l'histoire des Corps inorganiques, je vous indiquerai sommairement les divers moyens par lesquels on peut déterminer, par le secours du Chalumeau, les éléments qui les constituent.

Chlorure de Sodium. — Le composé dont nous allons faire l'histoire et qui, de toutes les combinaisons du Sodium est la plus universellement appliquée aux besoins de l'homme, porte les noms vulgaires de *Sel commun*, *Sel de cuisine*, *Sel marin*, *Sel gemme*. Le nom de *Sel*, employé de toute antiquité pour désigner ce produit, s'accordait avec la nomenclature chimique à l'époque où elle fut créée, parce qu'on croyait alors que le Sel commun était formé d'*Acide chlorhydrique* et de *Soude*; aujourd'hui, que l'analyse n'y a trouvé que du *Chlore* et du *Sodium*, les conventions établies nous forcent à reconnaître que le *Sel commun* n'est pas un *Sel*. Mais qu'importe, pourvu qu'on s'entende? Selon l'Ecole française, un Sel est le produit de la combinaison d'un Acide avec une base, ou de deux composés binaires; Berzélius, illustre chimiste de Suède, établit deux classes de Sels : les *amphides*, résultat de la combinaison de deux corps binaires, et les *haloïdes*, résultat de la combinaison de deux corps simples. Ainsi le Chlorure de Sodium est un Sel *haloïde*, selon la nomenclature de Berzélius.

L'usage le plus ancien et le plus universel du Chlorure de Sodium est l'assaisonnement des substances alimentaires; sa saveur franche le fait rechercher de l'homme et des animaux : *c'est le sucre du pauvre*, a dit un poète. En outre, il s'oppose à la décomposition des matières animales, et c'est de cette propriété, constatée depuis des siècles, que dérive la pratique de la *salaison* des viandes qui deviennent, par cette opération, susceptibles d'une conservation indéfinie.

C'est aussi au moyen du Chlorure de Sodium qu'on prépare l'Acide chlorhydrique, le Chlore et le Carbonate de Soude. On s'en sert comme fondant dans la métallurgie, on l'emploie dans la fabrication des poteries ; enfin, en petite quantité, il contribue à l'amendement des terres labourables.

Le Chlorure de Sodium est à peu près également soluble dans l'Eau froide et dans l'Eau chaude : 100 parties d'Eau en dissolvent 37 parties.

Le Chlorure de Sodium cristallise en cubes : lorsque cette cristallisation se fait par évaporation rapide, les cristaux sont très petits, ils s'accolent ordinairement les uns aux autres, de manière à former une pyramide à six pans, creuse à l'intérieur, et dont les parois présentent l'aspect de gradins, parce que les rangées de petits cristaux cubiques sont disposées en retrait les unes par rapport aux autres. Ces groupements particuliers de cristaux ont reçu le nom de *trémies*.

Le Chlorure de Sodium, cristallisé en cubes, ne renferme pas d'Eau combinée. Dans les temps humides, il enlève de l'Eau à l'atmosphère, et se mouille. Il abandonne de nouveau cette Eau, lorsque le temps devient sec. Toutefois les gros cristaux de Sel marin, obtenus par évaporation, renferment presque toujours un peu d'Eau interposée entre les couches cristallines; c'est à la présence de cette Eau qu'on attribue généralement la propriété que possède le Sel de *décrépiter* quand on le jette sur des charbons incandescents.

Le Sel commun se rencontre sous deux états : 1° en dissolution dans les Eaux de la mer, de certains lacs et de certaines fontaines; 2° à l'état fossile, c'est-à-dire en amas situés plus ou moins profondément dans le sein de la terre.

Le Sel fossile est connu sous le nom de *Sel gemme*.

Il y a des mines de Sel gemme dans un

grand nombre de pays, mais les principales sont celles de l'Allemagne, de la Hongrie, de la Pologne, de l'Afrique, du Pérou et du Chili.

Les mines de Wieliczka et de Bochnia, près de Cracovie, sont les plus considérables de l'Europe. Nous empruntons à une relation de lord Bathurst, consignée dans la *Revue Britannique* de 1834, quelques détails curieux sur ces mines célèbres : Elles s'étendent jusqu'en Moldavie; elles ont une longueur de plus de 200 lieues, et leur largeur est quelquefois de 40 lieues. Elles furent découvertes dans le XIIIe siècle, sous le règne de Boleslas V, roi de Pologne; Casimir le Grand régla leur exploitation et, depuis cette époque, ces salines sont une source inépuisable de richesses pour le pays. On les exploite actuellement à une profondeur de plus de 400 mètres, et à 65 mètres au-dessous du niveau des mers; elles sont habitées par des mineurs, dont beaucoup y sont nés et y finissent leurs jours. On y trouve des rues, des cabanes, des auberges; il y a des églises, dont les autels, la chaire et les statues sont en Sel. Les guides offrent aux voyageurs qui viennent visiter les mines, des boîtes, des colliers, des boucles d'oreille, en Sel rose, d'un tra-

OUVRAGES ADOPTÉS

PAR

L'ASSOCIATION POUR L'ÉDUCATION POPULAIRE.

---

18. — **Histoire de Mareillot**, par M. Clément D'ELBHE. 10 c.

19. — **Philippe le Batelier**, par le même. 10

2. — **Première lettre à mon ami Jacques. — Des Riches**, par M. Maurice BLOCK. 10

20-21. — **Deuxième lettre à mon ami Jacques. — De l'Impôt**, par le même. 20

22-23. — **Troisième lettre à mon ami Jacques. — Le Budget**, par le même. 20

3-4. — **Manuel du Juré**; par M. BAROCHE, représentant du Peuple. 20

14-15. 16-17. } **Instruction civique des Français**, par M. AMYOT, avocat à la cour d'appel de Paris. 40

24-25. — **Principes de Dessin linéaire et de Géométrie pratique**; par M. JACQUE, directeur de l'école élémentaire de Châlon-sur-Saône. 20

26-27-28. - **Éléments d'histoire universelle**; par M. A. MACÉ, professeur d'histoire à la Faculté des lettres de Grenoble. 30

29-30. — **Devoir et Bonheur**; par M. RUCK, inspecteur de l'instruction primaire. 20

31-32. — **Bienfaits de l'épargne**, par Madame RUCK. 20

33-34 — **Histoire d'une rose**, écrite par elle-même; par M. Clém. D'ELBHE. 20 c.

35-36 — **Manuel des devoirs de la vie,** à l'usage de la jeunesse.......... 20

37-38 — **Jeanne Darc**, par M. Frédéric LOCK.......................... 20

39-40 — **Les petits auxiliaires du cultivateur,** par M. DE FRARIÈRE.. 20

100 à 110—**Cours élémentaire d'agriculture pratique,** par M. LAUREAU, ancien maire de la ville d'Autun. 1 f. »

41-42 — **La France**, par M. J.-Charles HÉRARD.......................... 20

Leçons de sciences naturelles appliquées à l'hygiène, par M. le docteur Emm. LE MAOUT.

50 — **Première leçon :** composition de l'air, utilité de l'air, combustion, respiration des animaux et des végétaux........................ 10

51 — **Deuxième leçon :** nomenclature chimique, composition de l'eau, charbon, acide carbonique....... 10

52 — **Troisième leçon :** corps simples non métalliques, ammoniaque, acides sulfurique, azotique et chlorhydrique....................... 10

53 — **Quatrième leçon :** hydrogène carbonné, éclairage au gaz......... 10

54 — **Cinquième leçon :** feu grisou, lampes de sûreté.............. 10

55 — **Sixième leçon :** hydrogène sulfuré, hydrogène phosphoré, silice, alumine......................... 10

56-57 — **Septième et huitième leçons :** métaux terreux et alcalino-terreux, glucine, magnésie, chaux, strontiane, baryte............... 20

www.ingramcontent.com/pod-product-compliance
Lightning Source LLC
LaVergne TN
LVHW020308230826
846091LV00006B/2598

9782014441383